KB096930

행복한 강아지로 키우는 법

행복한 강아지로 키우는 법

그래서 강아지가 세상에서
가장 좋아하는 사람이 되는 법

소피 콜린스 지음 | 안의진 옮김

행복한 강아지로 키우는 법

지은이 | 소피 콜린스
옮긴이 | 안의진
초판 1쇄 발행 | 2024년 8월 10일
펴낸이 | 안의진
만든이 | 김민령 안의진 유수진
펴낸곳 | 바람북스
등록 | 2003년 7월 11일 (제312-2003-38호)
주소 | 03035 종로구 필운대로 116, 신우빌딩 5층(신교동)
전화 | (02) 3142-0495   팩스 | (02) 3142-0494
이메일 | barambooks@daum.net
인스타그램 | @barambooks.kr
트위터 | @baramkids
제조국 | 한국

How to Raise a Happy Dog
First published in 2023 by Ivy Press, an imprint of The Quarto Group.
One Triptych Place, London, SE1 9SH, United Kingdom

차례

시작하기 전에

우리가 개를 이토록 좋아하는 이유 중 하나는 '행복'이 기본값인 개들의 성격 때문일
거예요. 재미있는 놀이를 할 때나 흙바닥에 온몸을 치대며 뒹굴 때나 항상 순간에 충실하고,
주변 모든 일에 흥미를 보이는 성격 말이죠. 삶에 대한 개들의 이런 태도는 우리 인간이 늘
걱정하고 미래를 겁내거나 지나치게 생각하는 본성에 좋은 해독제가 됩니다. 그러니 개를
행복하게 해주는 일은 인간에게도 좋은 일이라고 말해도 될 거예요. 결국, 한껏 신난 개를
보는 우리에게도 그 기쁨이 전해지니까요.

개는 다 거기서 거기라고요?

개들이 어떻게 생각하고 행동하는지, 또 어떻게 가르쳐야 하는지에 대해 과거의 반려견
연구는 대체로 모든 개를 동일하게 취급했다. 하지만 지난 몇 십 년 동안 이런 관점은 서서히
바뀌어왔다. 꽤 오랫동안, 개들은 동물행동학의 대상이 되기에는 야생동물만큼 흥미롭지
않다고 여겨지기도 했다. 지금 생각하면 이상한 일이지만, 인간과 생활하는 동물들(개,
고양이, 소, 양, 말, 닭)은 너무 길들여져서 야생의 본능에서 이미 멀어졌고, 아무런 통찰을 줄 수
없다는 분위기였다! 하지만 1990년대 중반부터 이런 생각도 바뀌기 시작했다. 일부 학자들이
드디어 개의 인지가 어떻게 '작동하는지' 연구하기 시작했다. 차츰, 우리와 집에서 함께
생활하는 개들의 사고와 행동 연구가 주목받았고 오랫동안 이어져온 관점에도 변화가 생기기
시작했다. 이제는 개의 본능을 억누르고 '인간답게' 행동하도록 하는 교육은 더 이상 주류가
아니다. 개들이 어떤 행동을 할 때 그 이유가 무엇인지, 어떤 주변 환경과 조건이 배경이
되었는지를 이해하는 데에 훨씬 큰 중점을 두고 있다. 그 결과 많은 반려인들이 어떻게 해야
반려견들과 편안히 같이 살아갈 수 있을지 생각하게 되었다.

복종과 훈련을 강조하던 옛 이론들은 아무래도 한물 간 분위기다. 다행히 이제는 우리
옆의 개들을 독립된 개체로, 또 든든한 동반자로 여기는 시대가 됐다.

행복한 개, 행복한 반려인

이 책은 개들의 행복에 관해 전체적으로 살펴보고, 어떻게 하면 개를 더 행복하게 해줄 수 있을지 소개한다. 아래의 여섯 챕터를 읽고 나면 어떻게 놀아주면 좋을지, 생각지 못한 놀이 방법이나 개들이 포근히 여기는 잠자리 만들어주기처럼 실용적인 팁부터 개의 습성과 행동 연구가 어떻게 바뀌어왔는지에 대한 배경 지식까지 모두 얻을 수 있다.

- **자세히 보기** : 개들의 감각 기관이 어떻게 작동하는지 자세히 살펴보고, 이 관점에서 개들의 몸짓(바디랭귀지)이 견종에 따라 어떻게 다른지 설명한다. 개가 세상을 어떻게 경험하는지를 자세히 알수록 개들이 무엇을 원하고 필요로 하는지 파악하기 쉬워지기 때문이다.
- **놀이와 '풍부화', 운동, 음식, 휴식**으로 이어지는 챕터에서는 반려견의 라이프스타일을 끌어올려줄 다양한 아이디어를 제공한다.
- **생의 단계** : 마지막 챕터에서는 강아지에서 노견이 되기까지, 개의 생애 단계에 따라 다른 모습들을 관찰하고 각 시기에 어떻게 해야 잘 보살펴줄 수 있는지를 설명한다.

자세히,
더 자세히

함께 지낸 지 얼마 안 되었든, 볼을 맞대고 산 지
오래되었든 **반려견을 이미 잘 알고 있다고 생각할
수 있어요.** 하지만 익숙한 관계도 자세히, 더 자세히
들여다보면 흥미롭기 마련이죠! 그리고 우리가 서로를
잘 이해할수록 관계도 끈끈해질 테고요. 이 챕터에서는
개들이 보편적으로 어떻게 '작동하는지', 그러니까
세상을 어떻게 감각하는지, 몸을 통해서 어떻게 의사
표현을 하는지 살펴보고 종에 따라 바디랭귀지의 뜻이
달라지는지도 이야기할 거예요.

개의 세상

개와 우리의 감각이 얼마나 다른지에 대해서 어느 정도나 알고 있나요? 소문이 자자한 후각 외에도, 사람과 하나하나 비교하다보면 놀라운 사실이 많을 거예요.

코로 만나는 세상

만약 우리의 감각 중 시각을 후각으로 바꿀 수 있다면, 세상은 어떻게 보일까? 아니, 어떻게 세상을 경험할 수 있을까? 인간은 냄새보다는 보이는 것을 통해 훨씬 많은 정보를 얻기 때문에 상상하는 것조차 쉽지 않다. 우리는 한송이의 꽃에서 꽃잎의 미묘한 색감 차이도 구분할 수 있고, 멀리 있는 것도, 가까이 있는 것도 비교적 잘 볼 수 있으니까.

그에 비하면 우리의 후각은 무엇이 좋고 나쁜고를 대략적으로만 판단할 수 있으니 확실히 무딘 편이라고 할 수 있다. 인간은 장미를 보아야만 뇌에 저장된 '냄새 기억'을 통해 장미향을 꺼내오고, 비로소 장미향을 감각한다. 실제로 눈을 감고 알아보자. 주변을 보지 않고, 코를 통해서 주변 사물과 환경에 대해 얼마나 파악할 수 있는지.

개들의 경우, 냄새로 주변을 파악하는 건 어려운 일이 아니다. 만약 개들이 말할 수 있었다면, 인간에게는 후각이 아예 없는 것 같다고 했을지도 모른다.

넓은 시각에서 보면 사실은 인간이 특이한 존재다. 다른 동물들은 개와 마찬가지로 정확하고 예민하게 냄새를 감지할 수 있는 데다 몇몇 종은 유난히 더 섬세한 코를 갖고 있으니까. 인간의 코에는 약 600만 개의 냄새 수용 세포가 있는데, 개는 이 세포가 2500만 개에 이른다. 우리가 맡을 수 있는 향을 수백만 배로 희석해도, 개들은 여전히 이 향을 감지할 수 있다. 인간은 같은 콧구멍으로 숨도 쉬고 냄새도 맡지만, 개에게는 콧속에 호흡과 후각을 위한 경로가 따로 있기 때문에 냄새가 어느 방향에서 오는지도 판단할 수 있다. 개 코를 자세히 보면, 양옆에 갈라지듯 나 있는 작은 틈이 숨을 쉴 때 필요한 콧구멍이다. 그리고 정면의 동그란 두 콧구멍은 코 깊숙이까지 소용돌이치는 공기의 파동을 만들어내 냄새를 자세히 분석하는 역할을 한다. 한 번 콧속으로 들어간 냄새 분자는 복잡한 골짜기로 된 통로를 통과하며 신호들로 분류되어 무려 뇌의 1/3을 차지하는 후각 처리 부분에 전달된다.

그러니 별로 똑똑해 보이지 않는 개들도 우리가 상상하기 어려운 수준까지 냄새를 감지할 수 있다는 사실. 개는 멀리서 냄새를 감지한 후 가까이 다가가서 더 자세히 파악하는데 냄새의 강도를 통해 냄새가 얼마나 오래되었는지까지 알 수 있다. 그러니 개는 코를 통해 세상을 만난다고 할 수밖에. 우리에겐 초능력에게 가까운 이 감각을 온전히 이해할 수는 없지만, 이 사실은 적어도 개들이 왜 어떤 냄새에 그토록 집착하는지, 어떤 냄새들을 통해 긍정적(혹은 부정적인) 동기 부여가 되는지 이해하는 데에는 도움이 된다.

냄새를 두 배로

사람과 달리 개의 코 안쪽(과 입 천장 위)에는 대형 분자 화합물인 페로몬을 처리하는 장치가 있어요. 이 페로몬을 통해 개들끼리 정보를 주고받아요. 서골비기관 혹은 야콥슨기관이라고 불리는 이 기관은 고양이와 돼지를 비롯한 다른 여러 종에게도 발견된답니다.

◀ 개들은 킁킁거릴 때마다 우리가 상상할 수도 없을 만큼 다양한 냄새들을 맡아내고 있어요!

코끝에서 꼬리까지

후각이 그렇게 뛰어나면 다른 감각은 조금 뒤떨어지는 게 아닐까, 하고 생각할 수 있지만 개의 청각도 후각 못지않답니다. 시각, 촉각과 미각은 우리와 조금 다르게 작동하지만요.

입체 음향을 지원하는 귀

냄새 맡기만큼은 아니지만, 개들의 청력도 초능력이라고 할 수 있을 만큼 굉장하다. 한쪽 귀에만 무려 18개나 되는 근육이 있어 소리의 음역을 최대한으로 포착하기 위해 각 귀를 따로따로 움직일 수 있다. 심지어는 소리로 방향을 감지할 수 있을 뿐 아니라, 두 귀로 동시에 다른 소리를 처리할 수도 있다. 우리는 무언가 더 잘 들으려면 고개를 돌려야 하지만 개들은 귀의 방향을 쫑긋쫑긋 바꾸는 것만으로 충분하다. 물론, 개의 귀는 어떤 종인지에 따라 모양과 크기가 각양각색이고, 연구 결과에 따르면 귀가 크고 열려 있을수록 청력이 예민하다고 한다. 푸들이나 골든 리트리버처럼 덮여 있는 귀보다는 진돗개나 웰시 코기같이 뾰족하게 솟아 있는 귀가 소리를 더 잘 들을 수 있다는 것.

개들은 우리보다 더 넓은 주파수 범위의 소리를 들을 수 있다. 인간보다 훨씬 더 높은 음도 들을 수 있는데, 더 넓은 범위의 소리를 들을 수 있다는 것은 더 많은 정보를 수집할 수 있다는 뜻이다. 우리와 같은 소음을 들어도 개들은 더 많은 뉘앙스를 포착해낼 수 있다는 것. 그러니 집에서 강아지가 갑자기 놀라거나 당황한다면, 우리 인간이 들을 수 없는 소리에 반응하는 것일 확률이 높다.

뾰족하게 솟아 있는 큰 귀는 마치 위성 ▶
안테나처럼 소리를 수집하는 역할을 해요.
포덴코나 파라오 하운드와 같은 강아지들은
다른 '뾰족 귀' 강아지들 중에서도 특별히
청력이 더 뛰어나답니다.

색상 vs 움직임

개들의 시각이 우리와 다른 점은 대부분의 개들이 인간보다 훨씬 넓은 시야를 가지고
있다는 점이다. 우리가 정면으로 약 180도각을 볼 수 있다면 개들은 약 270도까지 볼 수
있다. 그러니 개들은 앞을 보고 있을 때도 얼굴 양 옆의 물체까지 볼 수 있다. 하지만 프렌치
불독처럼 얼굴이 납작하거나 복실복실한 털이 길게 자라는 개들은 시야각이 이보다는
떨어지는 편이다.

과거에는 개들이 색맹이라고 생각했지만 엄밀히
따지면 사실이 아니다. 간단하게 말하면, 인간의
눈에는 세부적인 디테일이나 색감의 변화를 잘
볼 수 있는 원뿔세포가 개보다 많다. 반면 개는
우리보다 훨씬 많은 막대세포를 가지고 있다.
막대세포는 움직임이나 색감의 대조를 감지하는
역할을 하기 때문에 개들은 어두운 환경에서도
우리보다 사물을 잘 분간할 수 있다. 또 개의 눈에는
우리에게는 전혀 없는, '타페텀 루시덤'이라
불리는 망막 뒤의 반사 세포층이 있다.
어두울 때도 잘 볼 수 있게 해주는
이 세포 덕에 개들은 해가 질 무렵에
산책을 나가도 낮과 다름없이 신나게,
땅바닥에서 움직이는 온갖 것들을 관찰하며
돌아다닐 수 있다. 우리는 그것들을 보려면 불빛이 필요할
테지만. 반면 환한 낮에는 개들이 노랑에서 빨강으로 이어지는
구간의 색을 구분하기 어려울 수 있다. 해가 쨍한 날, 개들이
보는 세상이 궁금하다면 우리에게 보이는 세상에서 (마치 아주
오래된 사진처럼) 색감이 흐릿하게 빠졌다고 상상하면 된다.

냄새와 소리는 개들이 세상을 경험하는 데
가장 중요한 두 개의 축이라고 할 수 있어요.
보는 것, 만지는 것, 맛보는 것은 그다음이고요.

미각과 촉각

개들의 엄청난 후각과 청각, 그리고 기대했던 것보다 훌륭한 시각에 비하면 미각과 촉각은 시시해보일 수 있다. 하지만 인간과는 다르게 작동한다는 점에서 여전히 알아둘 만하다.

개들은 사람보다 훨씬 적은 미뢰를 가지고 있다. 숫자로 따지면 인간의 1/4이지만 이번에도, 인간에게는 없는 능력이 있다. 우리는 쓴맛·짠맛·단맛·쓴맛·감칠맛을 느끼지만 개들은 여기에 더해 고기 맛과 물맛을 더 잘 감지할 수 있다. 우리의 미뢰가 현대에 와서는 음식의 맛을 파악하는 데에만 쓰이고 있지만, 먼 옛날에는 어떤 음식이 안전한지를 감지하는 역할을 했다. 연구자들은 고기 위주인 개들의 식단이 '고기 맛'과 '물맛'을 감지하는 미뢰를 발달시켰다고 추측하고 있다. 고기에는 자연적으로 염분이 많기 때문에, 몸에서 필요 이상의 염분을 배출하기 위해 물을 많이 마시게 됐고, 그 결과 이 두 감각이 특히 발달했다는 것이다.

그러니 개로 존재한다는 건

촉각은 그나마 인간과 가장 유사한데, 여전히 우리와는 몇 가지 차이가 있다. 일단, 복실한 털 아래 개들의 피부는 우리보다 훨씬 얇아 몸 전체로 감각하는 예민함이 우리보다 크다. 또 얼굴 주변·눈 위·입 옆, 그리고 놓치기 쉽지만 턱 아래에 난 수염은 유난히 예민해서, 온도 변화뿐 아니라 스치는 미풍처럼 아주 가벼운 접촉도 감지할 수 있다. 마지막으로—이건 많이 알려진 사실이지만—개들은 발바닥을 통해서만 땀을 흘릴 수 있다.

이 모든 것을 종합해보자. 개로 산다는 것은 어떤 느낌일까? 온몸은 털로 덮여 있고, 주둥이에는 공간의 기온까지 감지할 수 있는 수염이 나 있으며, 눈으로는 거의 뒷통수까지도 볼 수 있는데다(색감에는 둔하지만) 아주 작은 움직임까지 정확하게 감지할 수 있다. 그리고 때로는 고통스러울 만큼 청력이 예민하다. 게다가 우리가 아무리 노력해도 상상조차 하지 못할 만큼 화려하고, 사치스러울 정도로 다채로운 냄새를 맡아낼 수 있는 코를 가지고 있다면?

바디랭귀지

함께 살다보면, 거의 무의식적으로 개들의 바디랭귀지를 파악할 수 있게 되죠. '우리 애는 배달이 오기 전에 잔뜩 긴장해'라든가 '피곤할 때는 혼자 저 구석에 가서 웅크리고 있다니까' 같은 것들요. 하지만 정말 친밀한 사이에도 미세한 뉘앙스들은 놓치고 있을 수 있어요. 우리 개들이 무엇을 '말하고' 있는지 더 잘 알기 위해서는 디테일을 파악하는 법을 익혀야 한답니다. 우리가 다른 사람들의 말투에서 미묘한 의도를 읽어내려고 하는 것처럼요.

어디서 시작해야 할까...

개들의 바디랭귀지는 사실 좀 복잡하다. 개가 늑대의 먼 후손이라는 내용은 어디선가 읽은
적 있을 것이다. 그렇다면 늑대와 비슷하게 생긴 개들의 일러스트에 '공격적'이라거나,
'순종적'이라고 쓰여 있는 것도 보았을 테고. 하지만 개의 바디랭귀지를 정확하게 파악하려면
그것보다는 더 종합적인 시각을 가져야 한다. 적어도, 아래 세 가지는 어떤 상황이든 간에
항상 파악해야 한다.

1. '기본적인 것들' (개들의 일반적인 제스처)
2. 눈앞에 있는 개의 성격이나 성향
3. 컨텍스트, 즉 현재 개가 놓여 있는 상황

왼쪽 개가 기분이 좋다는 건 헤헤, 하고
벌어진 입, 초롱초롱한 눈, 그리고 입
밖으로 내민 혀에서 드러나죠. 반면
오른쪽 개는 앙 다문 입과 가늘게 뜬 눈을
통해 덜 편한 상태라는 걸 알 수 있어요.

기본적인 것들

어떤 개든 간에 편안할 때는 곧게, 하지만 느슨하게 서 있는 편이다. 기분이 좋아지거나 흥분하면 꼬리와 엉덩이를 잔뜩 흔들기 마련이고. 긴장을 하거나 혼란스러울 때는 대체로 경직되는데, 그에 더해 불안해질 때면 몸의 자세가 낮아질 수 있다. 귀가 자연스럽게 내려온 상태는 '중립'을 의미하고, 앞을 향해 바짝 세운 귀는 집중하거나 경계하는 상황을 나타낸다고 볼 수 있다. 뒤로 젖힌 귀는 불쾌함, 잔뜩 내린 귀는 불안이나 두려움을 의미할 때가 많다.

입 주변의 근육 역시 중요한 신호를 준다. 편안할 때는 느슨하지만 주둥이가 긴장되는 것 같다면 강아지가 불편해하고 있다는 초기 신호일 수 있다. 콧잔등을 찡그리고, 또 으르렁거린다면 어느 개든 간에 경고 신호를 보내는 것이니 주의해야 한다. 편안한 개는 눈을 종종 '게슴츠레' 뜨기도 하지만(기분 좋게 헤헤 웃는 골든 리트리버의 눈을 떠올려보라) 가늘게 뜬 눈으로 노려보는 것 같다면, 그리고 특히 흰자가 많이 보일 정도로 동그랗게 뜬다면 아주 불편하거나 무섭다는 표시로 이해해야 한다.

개들은 상황 파악을 잘 못 하겠을 때, 혹은 방향을 바꾸려고 할 때 코를 낼름 핥기도 한다. 태도를 바꾸려고 할 때도 마찬가지. 항상 같은 의미는 아니지만, 개들이 함께 놀 때 자주 보여주는 이 행동은 분위기가 바뀔 것이라는 신호일 수 있다. 반려견이 불편해할 만한 상황에서 관찰해보자. 예를 들어, 처음 보는 개를 가까이 스쳐지나가야 하는 상황이라면 많은 개들이 코를 낼름 핥곤 한다.

'우리처럼'

강아지들도 감정을 느낄까요? 우리는 인간중심적으로 생각할 수밖에 없긴 하지만, 연구에 따르면 개들의 감정 발달 수준은 걸음마하는 아이들과 유사하다고 해요. 또, 이건 별로 놀라울 일이 아니지만 대부분의 연구는 개들이 '강한 애착'을 가질 수 있다고 동의하고 있답니다. 우리가 망설임 없이 사랑이라고 말할 만한 감정 말이에요.

결국 중요한 건, 눈치

키우는 개에 관해서라면 우리가 이미 알고 있는 성격과 성향이 있기 마련이다. 바디랭귀지에 대한 이런 기본적인 내용을 참고해서 관찰한다면 개가 얼마나 기쁜지, 혹은 스트레스 받는지 파악할 수 있을 것이다. 기질상 경계심이 많고 쉽게 불안해하는 개들은 낯선 곳에서도 항상 즐거워하는 태평한 성격의 개들에 비해 더 자주 코를 핥을 수 있다. 또, 사람을 워낙 좋아하는 개라면 낯선 이들에게도 두 발로 일어서서 관심을 요구하며 부드럽게 컹컹거릴 수 있다. 그러니 개를 달래주어야 할지, 진정시켜야 할지 알기 위해서는 그때그때 반응을 통해 지금 느끼는 감정이 불안인지 흥분인지를 파악해야 한다. 개들이 늘 이해받고 안정감을 느낀다면 긴장되는 상황이 닥치더라도 즉각 공격적이거나 방어적인 행동을 하는 대신 반려인에게 의지하게 될 것이다.

◀ 코를 낼름 핥는 건 혼란스럽거나 조금 불편하다는 신호일 수 있어요. 상황에 따라서는 태도를 바꾸기 전에 보이는 행동이기도 하고요!

개들의 입장을 이해하기

우리가 볼 때엔 뜬금없어 보이는 행동일지라도 개들에게는 나름의 이유가 있었을 거예요.
자극적인 냄새를 맡았는데 우리 인간들은 몰랐다거나 하는 것처럼요. 개의 감각과
바디랭귀지를 아는 건 유용하지만, 그때그때 상황을 고려하는 것도 못지않게 중요해요.

전문가의 관점

관찰 능력은 아무도 강조하지 않지만 어쩌면 반려인에게 가장 필요한 자질일 수 있다. 어떤
상황이든 간에 우리 아이의 편이 되어주려면, 나의 입장에서는 물론이고 개의 입장에서 어떤
일이 벌어지고 있는지 아는 게 중요하다. 다행히도, 관찰 능력은 누구나 연습만 하면 키울 수
있다.

훈련사와 같은 전문가에게 우리 개의 '문제'에 대해 상담해본 적이 있다면, 전문가가
그 문제 상황에 대해 얼마나 많이, 자세히 묻는지 겪어보았을 것이다. 차에서 유독
짖어대는 개가 있다고 가정해보자. 보통 사람들은 "같이 차를 타고 가는데 너무 짖어서
운전에 집중하기가 어려울 정도였다니까요."처럼 말하지만 우리는 상황을 훨씬 더 자세히
파헤쳐보아야 한다. 반대쪽 페이지의 예시처럼, '차를 탄다'는 상황을 낱낱이 나눠보아야
정확히 어떤 것에 개가 반응하는지 개의 입장을 이해할 수 있다.

개가 차 안에서 짖은 게 맞긴 하지만, 자세히 뜯어보면 차 안에 있는 것이나 시끄러운
쇼핑 카트, 가까이 지나친 자전거 모두 문제가 아니었음을 알 수 있다. 지나가던 다른 개가
원인이었던 것. 여기서 배울 점은 다른 개들에게 과하게 반응하는 행동에 집중해야 한다는
것이다. 차 안에 있을 때 그 공간을 지켜야 한다고 생각해서 유독 심할 수는 있지만 말이다.
막연히 '차 안에서 짖는 문제'라고 생각해서는 아무것도 해결할 수 없다.

개의 입장에서 어떤 일이 벌어진 것인지 자세하게, 순서대로 생각할 수만 있다면 문제의
실마리는 금방 찾아낼 수 있다. '얘가 도대체 왜 이러지?' 생각이 들 때 대부분의 경우, 이렇게
기본적인 것들만 따져보아도 충분하다는 것을 잊지 말자.

개가 차 안에서 짖고 있어요! 하지만 왜 이러는 건지 알기 위해선 전후 맥락을 충분히 파악해야 하죠.

왜 짖는 건지, 진짜 이유 따져보기

- 차에 탄다. (아직 조용하다.)
- 반려견은 뒷문으로 차에 탔지만 앞좌석으로 기어올라왔다. (아직도 조용하다.)
- 차에 시동을 걸고 운전 시작. 신호 앞에서 몇 번은 갑자기 멈춰서기도 하고, 트럭이 뒤에서 바짝 다가서기도 했다. (반려견은 아직 짖지 않았다.)
- 자전거 두 대가 먼저 지나가도록 우회전 신호를 켜고 잠시 기다린다. (여전히 조용하다.)
- 볼일이 있는 가게 앞에 차를 대고 잠시 자리를 비운다. (차에 남은 개는 아직 짖지 않았다.)
- 다시 차로 돌아와 앉으니 의젓한 래브라도가 반려인과 발 맞추어 걸어가는 모습이 보인다. (반려견이 갑자기 미친 듯이 짖기 시작하더니, 거의 10분 동안이나 멈추지 않는다. 이미 그 장소를 떠나와서 래브라도도 그 반려인도 보이지 않은 지 한참인데 말이다!)

맥락
개들의 시선으로 보는 세상

우리는 개에 대해서 꽤 많이 알고 있습니다. 개들이 어떻게 살아가는지 다양한 측면에 집중하는 연구가 늘어나고 있기 때문이죠. 개들의 호기심은 스스로 통제할 수 있는 것이 많지 않은, 인간 중심의 환경에서 벌어지는 일들을 겪어나가는 데 도움이 된다고 해요. 그런데 개들은 과연 우리를 얼마나 이해하고 있을까요?

내가 누구인지 아니?

개들은 우리가 사람인 걸 알고 있을까? 그러니까, 우리가 서로 다른 종이라는 것을 말이다. 아마도, 우리처럼 그 차이를 자세히 이해하고 있지는 않을 것이다. 우리보다 뛰어난 능력도 있기는 하지만 개들은 읽거나 쓰거나 말하지 못하니까 말이다. 하지만 개들은 사회적으로 아주 발달한 동물이고, 인간의 감정에 맞춰 다르게 행동한다는 증거가 있다. 우리가 속상할 때 옆에 앉아 조용히 곁을 지켜주는 반려견의 모습을 본 적이 있다면 놀랍지 않겠지만. 또 개들은 사람의 표정 또한 어느 정도 읽을 수 있다. 앞서 말한 것처럼 두 살짜리 아이 정도의 감정 발달 수준에 항상 현재에 충실한 태도를 더해보면, 개를 키운다는 것은 부모가 아이를 키우는 것과 크게 다르지 않다. '강아지 육아', '개린이' 같은 말들이 널리 쓰이는 것을 보면 알 수 있듯이!

우리의 감정이 냄새라면

연구에 따르면 개들은 정확한 후각으로 인간의 감정도 맡아낼 수 있다고 한다. 이탈리아의 한 연구에서는 사람들의 기분이 매우 좋을 때, 그리고 무서울 때 흘린 땀을 채취해 개들에게 맡게 하고, 어떻게 반응하는지를 살펴보았다. 결과는? "무서움" 샘플의 냄새를 맡았을 때는 땀 제공자를 피하고 반려인에게 다가가 낑낑거렸지만, "행복" 샘플을 주었을 땐 편안히 땀 제공자와 인사를 나눴다고 한다. 감정-향기 연구는 아직 상대적으로 초기 단계이지만, 알아낼 수 있는 것이 많아 보이지 않은가?

소통 능력, 뿌린대로 거둬요

개들의 인지 및 감정 지능을 평가하는 연구에서 가장 높은 점수를 받은 개들의 특징은 평소 반려인과 생활 대부분을 공유하고 소통이 많다는 것이었답니다. 그 덕분에 사람 곁에서 어떻게 행동해야 하는지 연습할 수 있었다는 거예요. 그렇다면 개들은 우리가 바라는 만큼 발달할 수 있다고 해도 될 거예요. 우리의 기대치만큼 사람과 상호작용하게 될 테니까 말이죠.

◀ 개들이 우리의 냄새를 맡고 무엇을 얼마나 파악하는지는 미루어 짐작할 뿐이지만, 연구에 따르면 우리의 감정은 구분할 수 있다고 해요.

견종에 따른 차이
진짜 있나요?

거의 모든 견종은 인류의 노동을 돕는 데서 파생되었기 때문에, 개들이 맡은 임무에 따라 행동이 달라질 수밖에 없었다고 합니다. 그러니까 반려견이 어떤 종인지에 따라 예측할 수 있는 특성들이 있기는 해요. 하지만 항상 예외는 있기 마련이죠.

개들의 조상에 관해서

개들이 집 안에서 같이 생활하는 가족이 된 건 150년밖에 되지 않았다. 그전에는 오로지 집을 지키거나 소, 양과 같은 다른 동물을 몰거나 사냥을 돕는 존재였다. 뛰어난 경비견이나 쥐를 잘 잡는 농장견 같은 경우 그 재능을 위해 많은 새끼를 낳게 했고, 이 과정에서 자연히 그 특질이 이어졌다. 여전히 임무가 주어진 개들에게는 '좋은 혈통'이 중요한 요소가 된다. 우리가 '재능'이라고 하는 그 특질이 보장되는 경우가 많기 때문이다.

하지만 반려견에게 노동을 돕는 '재능'이 항상 좋은 것만은 아니다. 양치기에 재능이 있는 보더콜리가 일부 반려인들이 감당할 수 있는 것보다 훨씬 요구하는 것이 많은 것처럼. 책임감 있는 브리더들은 외모뿐 아니라 성격도 같이 고려한다. 믹스견들은 각 견종의 특성이 섞여 '희석된' 결과를 가져온다고 여겨지지만 실제로 태어날 개들이 어떤 성격이라고 보장해줄 수 있는 것은 아니다. 재능, 그러니까 '특질'과 성격은 전혀 다른 요소이기 때문.

성격은 오늘날 브리딩에서 가장

더이상 '사역견'이 아님에도 일부 견종은 여전히, 일하던 때의 특성을 가지고 있기도 해요.

중요하게 고려되는 것이기도 하다. 많은 반려인들에게 강아지의 외모가 아주 중요하기는 하지만, 각 견종의 특징이 계속 강화될 경우 개에게는 좋지 않은 영향을 미치기 쉽다. 아주 옛날에 찍힌 사진들을 보면 견종의 특징이 지금보다 훨씬 덜 강조된 것을 발견할 수 있는데, 불독의 길쭉한 주둥이를 예로 들 수 있다. 요즘의 불독처럼 납작한 얼굴 구조는 건강 문제를 일으킬 수 있다.

행동이 멋져야 진짜 멋진 강아지

개들의 행동에 견종이 크게 영향을 미치지 않는다는 건 2022년 미국 학술지 Science에 발표된 연구에서도 확인되었어요. 2,000마리의 반려견을 대상으로 한 이 연구에 따르면 견종이 개의 외모에 영향을 주는 만큼 행동에 영향을 주지는 않는다고 합니다. 특정 견종이 어떻게 행동할 거라는 기대를 가지고 선택하는 건 그리 현명하지 않다는 결론이에요.

보이는 걸 믿으세요

그래서 우리 집 강아지, 우리 동네 강아지의 견종이 중요할까? 결론은 어떤 종이 어떤 성격이라는 소문을 쉽게 받아들이는 대신 우리 눈앞의 강아지들을 주의깊게 살펴보아야 한다는 것이다. '말티푸는 애교가 많지', '시바견은 성격이 까칠해', 이런 선입견은 우리가 마주한 개들의 실제 성향을 이해하는 데에 방해가 되기 쉽다. 개들의 행동과 바디랭귀지를 이해하는 데에 도움이 되지 않는 것은 말할 것도 없고.

훈련사, 전문가 들이 개들 각각의 성격, 나아가 이상한 습관들까지 눈여겨보기 시작하는 요즈음, 우리도 위와 같은 선입견을 놓아주어야 하지 않을까? 개들이 반려인이나 다른 개의 주변에서 어떻게 행동하는지, 무서울 때·흥미로울 때·어리둥절한 상황일 때 어떻게 반응하는지 주의깊게 살펴보는 것이 개들과 잘 지내는 데에 훨씬 중요하니 말이다. 품종에 대한 선입견에 너무 집중하지 말자. 다시 말하지만, 우리 집 강아지의 성격을 이해하는 데 걸림돌이 될 수 있으니까!

신뢰 쌓기

훌륭한 반려인이 되기 위해선 반려견과의 사이에 강한 믿음이 있어야 하겠죠. 반려견이
이해할 수 없는 상황에서 반려견의 편을 들어주는 것도, 힘든 시기를 거칠 때 안내를 해주는
것도 반려인과 반려견 사이에 신뢰가 있어야 하는 걸 생각해보면요.

우리의 역할

개들은 '자기 할 일'을 할 때도 반려인에게 엄청난 관심을 갖고 신경을 쓰곤 한다. 2021년에
발표된 <동물 인지>의 연구에 따르면 개들은 다른 개들과 놀 때도 반려인이 주변에 있고,
자신을 보고 있다는 것을 알면 더욱 활발히 논다고 한다. 반려인이 보이지 않거나 딴청을
부리고 있으면 놀이에 이전만큼 집중하지 못하고. 그러니 우리는 우리가 반려견이 의지할 수
있는 상대이고, 항상 보살필 준비가 되어 있다는 것을 알려줄 필요가 있다.

공 던지기와 원반 던지기 같은 놀이가 좋은
이유는 개들이 반려인에게 집중하면서도
에너지를 마음껏 발산할 수 있기 때문이에요.

개들이 낯선 상황을 접할 땐 특히 더 주의를 기울여야 하고, 상황을 천천히 받아들일 수 있도록 재촉하지 않아야 한다. 만약 무언가에 공격적인 태도를 보인다면 정확히 어떤 것 때문인지 상황을 쪼개어보자. 예를 들어 대중교통을 불안해하는 반려견과 함께 기차를 타야 하는 상황이라면, 미리 짧은 연습을 거치는 것이 좋다. 반려견이 기차를 볼 수 있게, 역에 가서 잠깐 앉아 있다 오는 것도 좋은 방법이다. 그런 후엔 붐비지 않는 날을 골라 열차에 탔다가 바로 내려오고, 그다음엔 한 정거장을 같이 타본다. 이런 식으로 짧은 단계들을 천천히 밟아나간다면 반려견은 자연스레 기차에 익숙해질 수 있다. 시끄러운 열차에 있어도 아무런 위험한 일이 일어나지 않는다는 것을 이해시키는 것이 중요하다.

우리가 해선 안 되는 것

얼핏 문제되지 않을 것 같아 보이지만 피해야 할 일도 있다. 바로 개들을 놀리는 장난이다. 가장 흔한 실수로는 간식을 줄 것처럼 하다가 빼앗는 장난이 있다. 대수롭지 않아 보일 수도 있지만, 이런 행동이 쌓이면 반려견이 반려인을 믿을 수 없다고 생각할지도 모른다. 다른 사람들과 함께 반려견을 보고 (비)웃는 것도 좋지 않다. 놀이를 하다가 즐거워서 함께 웃는 것과는 분명 다른 행동이라는 것을 개들도 알아차리기 때문이다. 또 SNS에서 흔히 보이는 행동이지만, 우리가 귀엽거나 웃기다고 생각하는 상황에 몰아넣는 것도 피해야 한다. 반려견의 신뢰를 잃어도 괜찮은 것이 아니라면.

평생 지켜야 할 것

- 하루도 빠지 않고, 매일 온전히 개와 놀아줄 수 있는 시간을 갖는 것. 하루에 단 몇 분일지라도!
- 우리 집 강아지가 싫어하는 것을 기억하고 그 상황을 피해주는 것. 병원에 가는 일처럼 피할 수 없는 것이라면 스트레스를 최대한 덜어줄 수 있는 방법을 생각해보세요.
- 항상 편들어주기. 까다로운 상황에서도 반려견의 편을 들어줄 수 있는 건 나밖에 없다는 것을 잊지 말아야 해요.

놀이와 풍부화

개하고 어떻게 시간을 보내는지 물어보면, 반려인들은
산책과 놀이, 그리고 전후로 함께 쉬는 시간을 언급하곤
합니다. 반려견과 놀아주는 것은 중요하죠. 재미있기도
하지만 반려인과의 관계를 끈끈하게 해주기 때문이에요.
이 챕터에서는 고전적인 놀이 방법에서부터 개들 각각의
성격에 맞춘 몇 가지 새로운 팁들을 다룰 거예요.
'풍부화' 활동을 포함해서요. 풍부화는 아직
동물행동학자나 훈련사 같은 소수의 사람들이 쓰는
단어이긴 하지만, 개들의 삶을 어떤 면에서든 더
재미있고 다양하게 만들어줄 수 있는 것을 뜻한답니다.

놀이 취향
(개들의 입장)

어린 동물들에게 무언가 가르칠 때 놀이는 가장 중요한 요소입니다. 인간과 개들의 교감에서 빠질 수 없는 것이기도 하고요. 하지만 우리 인간과 마찬가지로, 개들도 다 똑같이 노는 건 아니랍니다.

제일 좋아하는 놀이는?

반려견을 키운다면 어떤 놀이를 제일 좋아하는지 이미 알고 있을 것이다. 어떤 놀이를 좋아하는지는 성격과 밀접한 관련이 있다. 다른 것은 쳐다보지도 않고 오로지 공만 던져달라고 쫓아다니는 개가 있는가 하면, 반려인과 레슬링하듯 뒹구는 걸 좋아하는 개, 혹은 입으로 장난감을 물어당기는 터그 놀이를 좋아하는 개도 있다. 또는 장난감을 주었을 때 조용히 물고 혼자 놀 수 있는 구석을 찾아가는 개, 평소엔 관심없다가 다른 개가 장난감에 흥미를 보이면 갑자기 욕심을 내는 개도 있다! 놀이에서 가장 중요한 것은 반려인이 같이 참여하는 것, 그리고 반려견이 싫어하는 것들을 알아두는 것이다.

취향 파악하기

반려인과 반려견이 교감할 수 있는 놀이가 가장 중요하다는 말은 얼핏 당연하게 들리겠지만, 잘 살펴보면 어떤 놀이는 다른 놀이에 비해 협동을 더 많이 필요로 한다. 다른 놀이엔 흥미를 보이지 않고 오로지 공 물어오기만 좋아하는 개가 있다고 생각해보자. 반려인은 하는 수 없이 공을 계속 던져주고, 개는 뛰어다니며 에너지를 발산하기는 하겠지만 이 때 반려인과 반려견 사이에 눈을 마주치거나 소통할 틈이 있을 리 없다. 이런 놀이는 당연히, 반려견과의 유대에 큰

재미가 가장 중요해요

예전에는 반려견과 반려인이 경쟁하는 구도의 놀이는 하지 말아야 한다고 여겨지곤 했어요. 하지만 이런 놀이에서 개가 이기는 경우와 사람이 이기는 경우를 번갈아 가며 실험했을 때, 어느 한쪽이 좋거나 나쁘거나 하지 않았답니다. 그보다는, 모든 개들이 반려인과 더 재미있게 놀수록 다가오는 놀이 시간을 기대한다는 것을 알 수 있었죠.

가지고 놀 장난감을 스스로 고를 수 있게
해주면 훨씬 더 관심을 보일 거예요. 혼자
놀 때도, 놀아달라고 물고 올 때도요!

도움이 되지 않는다. 공에만 집착하는 개라면 공을 단순히
물어오는 것 말고도 다른 방식으로 놀 수 있다는 것을 알려주면
좋다. 구석구석에 테니스 공을 여러 개 숨겨놓고 보물찾기처럼 찾아내도록 하거나, 공에
칼집을 내고 간식을 넣어둔 뒤 홀로 꺼내먹을 수 있는 퍼즐처럼 만들어주는 식으로.

랜덤박스 만들어주기

반려견을 키우다 보면, 가족이나 친구들이 때때로 사다주는 온갖 장난감이 이미 한가득인
경우가 많지만 잘 생각해보자. 우리 아이가 그 장난감을 모두 가지고 노는지. 좋아하는
장난감 한두 개가 정해져 있는 경우, 장난감을 서너 개만 남기고 모두 치우자. 그리고 자주
다른 것들로 교체해준다면, 강아지들은 항상 새로운 놀이를 하는 것처럼 재미있어할 것이다.
사람과 마찬가지로, 개들도 물건이 잔뜩 쌓여 있을 때보다 가지고 놀 수 있는 것이 얼마 안 될
때 더 흥미를 보이기 마련이다.

쉴 때는 건드리지 않기

장난기 많은 개들조차 때로는 놀고 싶은 기분이 아닐 수 있다. 강아지가 자기 자리를 잡고
눕는다면 선택을 존중해주자. 쉬고 있는 반려견에게 다른 사람이 놀자고 다가가지 않도록
막아주어야 한다.

놀이 취향
(사람의 경우)

개에 관한 책에서 왜 사람이 어떻게 노는지를 이야기하냐고요? 우리가 모르는 새
반려견들을 헷갈리게 하는 건 아닌지 점검하기 위해서랍니다. 반려인과 무언가를 같이
하는 데에 무관심해지거나 부정적인 행동이 습관화되지 않도록요. 그러려면 상황을 개의
시선에서 바라봐야 해요.

반려견이 보는 모습

개들과 같이 놀 때 우리도 덩달아 즐거운 이유는 온전히 놀이에 몰입한 개들의 모습 덕이지
않을까. 놀이가 즐거우려면 균형이 맞아야 한다. 대체로 놀이를 마무리하고 장난감을 치우는 건
사람이고, 이는 주도권이 우리에게 있다는 뜻이다. 놀이할 때의 태도에 조금 신경쓴다면 반려견이
우리를 '분위기 깨는 사람'으로 생각하지 않고, 유쾌하면서도 매너 있게 시간을 보낼 것이다.

눈치와 배려

예의없게 굴지 말자. 개의 입장에서, 예의란 상대방이 보내는 신호를 읽으면서 내가 원하는 바를 전달하는 것을 뜻한다. 만약 반려견과 술래잡기를 한다면 돌아가면서 공평하게 술래를 맡도록 하자. 대부분의 경우 개들이 우리보다 훨씬 빠르기는 하지만, 그래도 쫓아가려고 노력하는 태도라도 보여주어야 한다는 뜻이다. 너무 피곤해서 놀이를 마무리하고 싶을 땐 공이나 터그 장난감을 바로 집어들어 챙겨넣지 말자. 개들의 입장에서는 갑자기 깨져버린 분위기에 당황하고 실망할 수 있다('아니… 지금 딱 좋았는데…'). 그 대신 천천히 관심을 다른 곳으로 돌려보자. 만약 바깥에서 놀던 경우라면 다른 방향에서 무언가가 나타난 것처럼 갑자기 멈춰서거나 나무나 풀을 들여다보는 식으로 말이다. 실내라면 커튼이나 선반 같은 주변 사물에서 무언가를 발견한 척 과장되게 행동할 수 있다. 개들은 반려인의 관심이 다른 곳에 쏠렸다는 것을 알아채고 무엇인지 같이 들여다보러 다가올 것이다. 아무것도 없는 허공이라도 상관없다. 자연스럽게 놀이에서 관심을 돌릴 수 있으니. 이때가 바로 간식을 주거나 다시 리드줄을 채울 타이밍이다.

인내심 갖기

개들은 대부분의 사람보다 강한 체력을 갖고 있다. 어리고 활발한 경우에는 더더욱. 놀이를 '통제'하기 위해서 소리지르거나 장난감을 덥석 잡아 뺏지 말자. 한눈 파는 개에게 큰 소리를 치거나, 물고 있는 터그 장난감을 낚아채거나, 놀자고 앞발을 들고 일어서거나, 반려인을 톡톡 치는 개를 밀쳐내서는 안 된다. 높은 톤의 목소리는 아드레날린 수치를 높일 뿐이다. 개들이 원하는 것을 빼앗는 행동은 반려인을 피하는 경향으로 이어질 수 있다. 가까이 가면 장난감을 뺏긴다고 생각할 테니까. 너무 흥분한 개의 경우 낮은 목소리로 말하는 것이 좋다. 만약 자꾸 반려인에게 뛰어오른다면 몸을 돌려 등지는 것만으로도 의사를 전달할 수 있다. 장난감을 내려놓는 것 역시 반려견의 선택이 되게끔 해야 한다. 놀이를 끝낼 때와 마찬가지로 딴청을 부려보자. 화들짝 놀란 것처럼 "저게 뭐지?"라고 말하고 딴 곳을 빤히 쳐다보거나 반려견과 멀어지는 방향으로 뛰어가는 것도 좋다. 물고 있던 장난감을 툭 떨어뜨렸을 때, 바로 달려가 치우지 않는 것도 중요하다. 관심이 완전히 사라질 때까지 몇 분 정도는 그대로 두는 것이 좋다.

◀ 만약 반려견이 뛰어놀 때 거리두는 것을 좋아한다면, 너무 가까이 쫓아가지 마세요. 우리가 먼저 멀리 뛰어나가볼까요? 아마 잽싸게 쫓아올 거예요.

우리가 만드는 놀이

어린아이들처럼, 많은 개들은 새로운 장난감 대신 포장 박스에 더 큰 관심을 보이기도 해요. 장난감을 치워버려도 모를 정도로 말이죠. 이럴 땐 돈 들이지 않고 업사이클링을 할 수 있어요.

꼭꼭 감추기

무엇이든 인터넷 주문이 가능한 요즘엔 어느 집에서나 포장재를 쉽게 구할 수 있기 마련이다. 반려인에게도, 지구에게도 부담이 없는 장난감을 만들어보자. 만약 강아지가 물어뜯는 것을 좋아한다면 종이 박스만으로도 몇 분은 아주 신나게 보낼 수 있다. 다른 포장재를 사용해 간식을 숨기면 조금 더 시간을 보낼 수 있는 놀이가 된다. 집에 있는 것이라면 뭐든 상관 없다. 작은 크기의 간식을 다른 재질과 두께의 종이로 감싸거나, 스티로폼 완충재 사이에 간식을 섞어두고 박스째 주기만 해도 반려견에겐 훌륭한 노즈워크 장난감이 된다. 너무 익숙해지지 않도록 조금씩 난이도를 올리는 것을 잊지 말자. 강아지들의 이빨로 금방 찢겨나갈 테니 공들여 예쁘게 포장할 필요는 없지만, 놀이를 재미있게 해주기 위해선 사이사이에 골판지처럼 조금 더 질긴,

바로 만들어볼까요?

가장 간단한 건 두루마리 휴지나 키친타올의 종이 심지를 이용하는 거예요. 한쪽을 접어서 막은 뒤 간식을 넣고, 다른 쪽도 마저 접으면 물어오기와 물어뜯기가 모두 가능한 장난감이 됩니다. 흔들어서 관심을 끌고 멀리 던져주세요. 멍멍이들이 뛰어가 골똘히 장난감을 풀어헤치는 모습, 상상만 해도 흐뭇하죠?

▶ 그냥 물어뜯는 것만으로도 반려견들은 아주 즐거운 시간을 보낼 수 있어요. 우리 눈에는 다 같은 택배 박스도 강아지들에게는 냄새가 다 다르기 때문에, 늘 새로운 장난감이랍니다.

다양한 재질을 섞어주면 좋다. 반려견이 달려들 만큼 재미있는 장난감, 때론 이렇게 간단히 만들 수 있다!

커스터마이징

집집마다 다른 개들의 성격에 맞추어 만들어주는 것이 좋다. 적극적인 멍멍이는 바로 달려들겠지만 소심한 멍멍이들은 안에 무엇이 들었는지 알 수 없으면 얼굴을 가까이 대기 무서워할 수도 있다. 만약 우리 집 개가 소심한 편에 가깝다면 간식을 감싸는 모습을 보여주는 것으로 시작해, 느슨히 감싼 후 가까이 떨어뜨려주는 것으로 시작하자. 천천히, 반려견이 익숙해하는 만큼 난이도를 올려준다면 어느새 박스 안에 여러 겹 꽁꽁 감싼 퍼즐도 신나게 풀어헤치는 모습을 볼 수 있을 것이다.

　포장재의 종류가 많을수록 더 다양한 놀이를 만들어줄 수 있다. 계란 상자, 우편물 봉투, 테이크아웃 컵의 슬리브, '뽁뽁이' 충전재… 새로운 눈으로 주변을 둘러보자. 심지어는 전단지를 작은 조각들로 잘라 넣기만 해도 반려견은 신나할 것이다.

그러면 뭐가 좋은데요?

스스로 포장을 풀고, 간식을 찾아내는 놀이는 강아지들의 호기심을 자극할 뿐만 아니라 다양한 재료를 접해볼 수 있게 합니다. 성격이 급한 강아지들은 포장재와 간식을 구분하는 과정에서 조금 더 천천히 먹는 연습을 할 수 있고 소심한 강아지들은 낯선 냄새와 질감을 겪으며 조금 더 많은 경험을 할 수 있죠!

터그 놀이

터그 놀이는 아주 많은 개들이 좋아하는 놀이예요. 실내에서든 실외에서든, 놀자고 달래고 부추길 필요도 없이 바로 반응하는 장난감이죠. 어떤 개들은 자기보다 몸집이 확연히 작거나 아주 어린 강아지와도 놀고 싶어서 힘을 빼고 살살 당기기도 해요. 터그 놀이가 그만큼 좋은가봐요.

그러면
뭐가 좋은데요?

터그 놀이를 통해 팀워크를 배울 수 있어요.
상대편을 파악하고, 힘을 적당히 맞춰야만
재미있게 당길 수 있으니까요.

시중에서 파는 터그 장난감은 보통 단단한 고무를 소재로 만든다. 대체로 도넛, 매듭진 밧줄, 혹은 둘둘 말아놓은 뭉치 같은 형태이고 양끝에 깨물고 당기기 좋도록 굵은 매듭이 있는 경우가 많다. 뭐든 소멸할 때까지 끈질기게 물어뜯는 개들에게는 고무 소재가 적합하겠지만, 사용할수록 헤진 흔적이 남는, 밧줄 형태를 선호하는 경우도 많다. 개들은 낡고 올이 풀린 자기 장난감을 좋아하기도 하니 말이다. 우리 집 개의 취향을 파악하고 나면 터그 장난감을 집에서 만들어줄 수도 있다. 만약 빨래감 위에 눕기를 좋아하거나 사람의 옷가지들을 자기 침대에 물고 가기 좋아하는 강아지라면 낡은 옷을 자르고 묶어 터그 장난감을 만들어주자. 반짝이는 눈망울을 볼 수 있을 것이다! 매듭 사이에 간식을 숨겨둔다면 터그 놀이가 끝났을 때도 장난감을 가져가 씹고 놀게 해줄 수 있다.

터그 장난감 만들기

낡은 옷, 헤진 티셔츠로 단단한 터그 장난감을 만들어볼까요! 특히 튼튼하게 만들고 싶다면 청바지, 데님을 사용하는 게 좋답니다. 너비 5cm, 길이 1m 크기로 9조각을 준비해주세요. 바지를 세로로 자르면 긴 조각을 쉽게 얻을 수 있을 거예요. 티셔츠를 사용할 경우엔 15조각이 필요합니다. 여러 조각을 묶어서 1m를 만들어도 좋아요. 모든 조각을 한쪽 끝에서 한번에 매듭지어 묶은 다음 세 조각씩(티셔츠의 경우 다섯 조각씩) 세 갈래로 나눠주세요. 이 세 갈래를 잡고 꼭꼭 당기며 끝까지 땋아주면 강아지들이 물고 당겨도 버틸 수 있는 짧고 튼튼한 장난감이 될 거예요. 만약 이 과정이 귀찮다면 그냥 청바지의 다리 한 쪽을 통째로 잘라내서 양 끝을 매듭으로 묶는 방법도 있어요. 뭐, 우리 눈에 예쁘지는 않겠지만 강아지들은 청바지 특유의 신축성 때문에 좋아할 거예요.

◀ 터그 장난감은 반려견들이 혼자 있을 때에도 물고 뜯으며 잘 가지고 노는 훌륭한 아이템이에요.

물어뜯기

어떤 개들은 물건을 산산조각내는 걸 정말 좋아하는 것 같아요. 새로 산 장난감이 한순간에 찢기고 너덜너덜해지면 사람의 얼굴에는 그늘이, 개들의 얼굴에는 의기양양 뿌듯한 표정이 스치기 마련이죠⋯

중고품 가게는 싼값에 반려견의 장난감을 만들 수 있는 재료가 가득한 곳이에요. 개들이 마음껏 물어뜯어도 모두가 평화롭고요.

즉석에서, 언제든지

장난감의 경제적, 환경적 비용이
신경쓰인다면 반려견이 아무리 씹어도
괜찮은, 낡고 망가진 잡동사니들을
모아 장난감 상자에 넣어두자. 지루한
어느 오후에 꺼내어 물어오거나 터그
놀이를 할 때 유용할 테니. 낡은 테니스
공, 바람 빠진 축구공, 해진 운동화 등
일상적인 물건도 개의 시선에선 흥미로운
장난감이 될 수 있다. 단, 신발을 활용할
때는 끈을 빼는 게 좋다.

안전제일

강아지에게 물고 놀라고 주는
모든 것은 항상 안전한 소재인지 확인해야
합니다. 쉽게 삼킬 수 있는 작은 조각, 단추,
지퍼 같은 것들은 주기 전에 제거해야 해요.
장난감을 만들 때는 삼키기 어려울 만큼 길거나
큰 옷감들로 채워넣는 것이 좋고요.

직접 만들기

장인 같은 솜씨를 가지고 있어야만 개들이 물고 뜯을 장난감을 만들 수 있는 건 아니다.
코듀로이나 데님처럼 질긴 소재의 자투리 천과 기본적인 바느질 실력 정도면 충분하다.
속에 양말이나 다른 옷감, 포장재 등을 채워넣고 6개의 천 조각을 상자 형태로 꿰매어보자.
업그레이드하고 싶다면 바느질할 부분 중 한 곳에 벨크로, 찍찍이 테이프를 붙이고 2cm
정도를 구멍으로 남겨두면 된다. 강아지가 그 틈을 비집어 찍찍이를 뜯을 때 나는 소리를
재미있어할 것이다. 이 큐브는 적당히, 대충 꿰매도 아무 상관 없다. 예쁘게 만들어서
바느질 솜씨를 자랑하기 위한 게 아니고 강아지가 한두 시간 재미있게 가지고 놀, 물었을 때
푹신하고 재미있는 장난감을 만드는 것이니까. 만약 반려견이 직접 만든 장난감에 흥미를
보이지 않는다면 작은 간식을 큐브 속에 밀어 넣어보자.

그러면 뭐가 좋은데요?

씹고 물어뜯는 데 집중하고 나서도 혼나지
않는다면 강아지는 행복해할 거예요. 뭔가
가치있는 일을 했다고 느끼면서 말이죠.

피곤한 날을 위한
차분한 놀이

어떤 날에는 반려견과 놀아줄 에너지가 하나도 안 남을 수도 있어요. 아니면 강아지들이 기운 없는 날이 있을 수도 있고요. 그럴 땐 집중이 필요한, 조용한 놀이들을 해보는 게 좋아요. 차분한 에너지를 발산할 수 있게 해줄 거예요.

조용한 놀이

생각해야 하는 놀이에도 마구 뛰어다니는 놀이 못지않은 에너지가 필요하다. 훈련 클래스에 다녀온 강아지가 집에 도착하자마자 쓰러져 낮잠에 빠지는 걸 보면 알 수 있듯이. 그러니 길게 놀아줄 시간을 내기 어렵거나 기운이 없거나, 어쩌면 둘 다인 경우에 대비해서 몇 가지 놀이 방법을 익혀두자. 조용하지만 즐거운 놀이 시간을 위해 두세 가지 방법을 함께 시도해보면 좋다.

'여기 봐!'

기본 훈련에서 사용되는 이 게임은 많이 알려져 있다. 만약 시도해본 적 없다면 이 기회에 해보자. 반려견이 반려인에게 집중하게 하는 좋은 놀이니까. 일단 반려견 가까이에 앉아 반려인을 힐끗 쳐다볼 때까지 기다린다. 그리고 반려인을 볼 때마다 간식을 준다. 쳐다보면 간식, 쳐다보면 간식의 반복. 다른 놀이를 하기 전에 이 연습을 자주 해주면 강아지가 반려인에게 시선을 두어야 한다고 자연스레 인지할 수 있게 된다. 이 단계에서는 간식을 줄 때 '여기 봐!'를 말해준다. 시간이 지나 습관으로 굳어지면 필요할 때 '여기 봐!'라고 말하기만 해도 반려견의 주의를 끌 수 있게 될 것이다!

매트 펼치기

요가에는 다운독이라고 부르는, 강아지가 기지개 켜는 듯한 자세가 있다. 이 자세 말고는
우리 집 강아지와 요가는 아무 상관이 없는 것 같지만 이 놀이에 익숙해지면 '프로 요가견'
처럼 보일 수도. 강아지가 방해하지 않도록 조용한 곳에 가서, 가벼운 요가 매트를 돌돌 말며
중간중간에 간식을 끼워두자. 간식과 함께 말아둔 매트를 바닥에 내려놓고 반려견을 불러
펼치도록 유도해본다. 사이사이에 있는 간식을 찾으며 펼치는 경험을 두세 번만 해도, 매트를
굴리고 펼치면 좋다는 것을 깨달을 것이다.

그러면
뭐가 좋은데요?

에너지가 크게 필요하지 않은 짧은 놀이들은
너무 쉽게 흥분하는 개들을 차분하게 하는
데에 좋아요. 흥분하지 않고 한 가지에 집중할
때 반려견들도 새로운 재미를 느낀답니다.

아무리 피곤해도, 간식을 찾는 간단한
퍼즐 놀이를 마다할 개는 없을 거예요.

페트병 간식

플라스틱 병에 간식을 넣고, 뚜껑은 닫지 않은 채로 건네주면 그 자체로 재미있는 간식 놀이가 된다. 만약 놀이를 이해하지 못하는 것 같으면, 간식이 하나 빠져나오도록 병을 굴리는 모습을 보여주자. 병을 뒤집으면 간식이 나온다는 사실을 바로 깨닫는 개들은 거의 없기 때문에, 생각보다 오랜 시간 병을 가지고 노는 모습을 볼 수 있다.

컵 돌리기

예로부터 길거리에서 이어져 온 이 고전적인 게임을 반려견과 해보자. 가벼운 컵을 세 개 꺼내서 두 개의 컵 안에 간식을 넣고, 컵을 뒤집게 유도해본다. 어느 컵에 간식을 넣는지 보고서도 바로 정답을 맞추지 못할 수 있지만, 찾을 때마다 옆에서 칭찬과 박수와 간식으로 격려해준다. 익숙해지면 한 컵 안에 여러 개의 간식을 넣고 컵을 이리저리 뒤섞어서 난이도를 올린다. 집중한다면, 강아지들은 냄새로 빠르게 정답을 찾아낼 것이다.

네 가지 간단한 놀이들

지루해보이는 반려견을 위해 5분만 투자해보자.

1. 담요유령 놀이 : 바닥이나 소파에 앉은 채로 손만 움직여 할 수 있는 놀이. 반려견에게서 조금 떨어져 앉아, 가벼운 러그나 담요 아래 손을 넣고 움직이며 시선을 끈다. 강아지가 발로 잡으려 하거나, 덤벼들거나, 담요를 물어당기려고 하면 성공! 삑삑거리는 장난감을 손에 쥐고 한다면 더욱 쉽게 관심을 끌 수 있다.

2. 비눗방울 놀이 : 요즘엔 스테이크 맛처럼 반려견이 좋아할 만한 맛을 첨가한 비눗방울 놀이 세트를 팔기도 한다. 하지만 흔한 어린이용 장난감으로도 충분히 재미있게 놀 수 있다. 비눗방울을 불기만 해도 개들은 신나게 쫓아다니며 어디로 사라지는지 궁금해할 테니까. 다만 이 비눗방울이 가구에 묻으면 얼룩이 질 수 있으니 쉽게 청소할 수 있는 방이나 실외에서 하는 것이 좋다.

3. 간식 사냥 : 반려견이 (너무 흥분한다면 앉아 있으라고 명령한 뒤) 지켜보는 동안 간식 다섯 개를 숨겨보자. 쿠션 아래, 책꽂이 선반, 열려 있는 방문 뒤처럼 일상적인 공간이 좋다. 준비가 다 되었을 때 신나는 목소리로 '자… 시작!'이라고 외친 뒤 간식을 찾을 때마다 칭찬해준다. 기발한 놀이는 아니지만 반려견의 즐거움은 보장된다.

4. 손가락 인형 : 강아지가 씹어도 무방한 손가락 인형이 있다면, 목소리에 진심을 담아 인형극을 해줄 수도 있다. 인형으로 반려견에게 인사하고, 발을 톡톡 두드리고, 등을 따라 내려가면서 반려견이 어떻게 반응하는지 지켜보자. 개들은 성격에 따라 인형을 장난처럼 물려고 할 수도 있고, 그저 즐겁게 지켜만 볼 수도 있는데 대체로는 주인의 손가락이라고 인지하지 못하고 인형의 재롱을 즐거워한다.

◀ **움직이는 컵을 아무리 열심히 쳐다보아도 결국 간식을 찾아내는 건 눈이 아니라 코랍니다.**

땅 파는 게 제일 좋아

땅 파기를 좋아하는 건 많은 개들의 본능이에요. 만약 '우리 집 강아지도 그런가?'라는 생각이 든다면 아닐 거예요. 정말로 좋아했다면 이제까지 모를 수가 없거든요. 어떤 개든 간에, 마음껏 파헤칠 수 있는 장소를 우리가 정해주는 것은 모두에게 이로운 일이랍니다. 그렇지 않으면 언제, 어디서, 얼마만큼 땅을 팔지 개들이 자기 뜻대로 결정할 테니까요!

그러면 뭐가 좋은데요?

개들은 땅을 팔 때 스트레스가 해소된다고 해요. 그러니 마음껏 파헤칠 수 있는 곳을 정해준다면 우리 집 마당이나 예쁜 공원을 망가뜨리지 않으면서 반려견의 정신건강을 지켜줄 수 있을 거예요.

팀워크를 발휘해보세요. 반려인이 땅파기에 참여하면 파선 안 되는 곳을 피할 수 있어요. 또, 반려견도 혼자 할 때보다 같이 할 때 협동의 뿌듯함을 느낀답니다.

전용 구역 지정해주기

정원을 가꾸면 땅을 팔 일이 생기기 마련이다. 많은 가드너들이 채소나 식물을 심을 때 '도와주려는' 반려견을 보고 기겁한 적이 있을 테지만, 잘 살펴보자. 강아지가 건드려선 안 될 곳이 아니라, 마음껏 파도 괜찮은 곳이 어디인지. 마당 한구석에 그늘진 나무 아래처럼, 땅을 파도 무방한 곳을 한 군데 찾아 반려견을 불러보자. 처음엔 먼저 땅을 파는 모습을 보여주며 유도하고, 강아지가 땅을 파기 시작하면 가만 내버려두기만 하면 된다. 강아지들은 좋아하는 장소를 정해두곤 하니, 여기에서는 땅을 파도 된다고 몇 번 보여주고 나면 곧 그곳이 가장 좋아하는 구역이 될 것. 이렇게 하면 소중한 식물과 정원을 지킬 수 있다.

모래 놀이터 만들어주기

땅을 파면서 놀아주고 싶은 반려인라면 모래 놀이터를 만들어주는 것도 좋은 선택이 될 수 있다. 강아지가 가끔 땅을 파는 데 흥미를 보이는 정도라면 휴대할 수 있는, 어린이용 모래 놀이터 장난감을 사주어도 충분하다. 하지만 작고 얕으므로, 땅굴을 팔 만큼 진지한 반려견의 경우엔 마당에 모래 놀이터를 만들어주는 편이 좋다. 건축 자재 가게에 가면 다용도로 쓸 수 있는 목재 프레임과 덮개를 저렴한 가격에 구할 수 있다. 물론, 야외에 공간을 가지고 있어야 하지만. 치와와 같은 소형견이 아니라면 한 면을 약 1.5m, 그리고 높이는 30cm 이상으로 만들어주는 것이 좋다. 적당한 장소를 찾았다면, 프레임을 설치하고 2/3 정도를 모래로 채워주자. 건축용 모래에는 우리가 원치 않는 화학물이 많이 들어 있을 수 있으니 정원용이나 어린이 놀이용 모래를 사용하는 것이 좋다. 마지막으로, 동네 고양이들의 화장실이 되는 것을 방지하려면 덮개도 준비해두는 것이 좋다.

　모래 놀이터가 완성되었다면 반려견이 더욱 재미있게 놀 수 있는 서프라이즈 선물들을 숨겨보자. 작은 삑삑이 장난감이나 깨물 수 있는 딱딱한 장난감, 아니면 작은 봉지의 간식 등이면 충분하다. 마음껏 파고 놀도록 응원해주면, 강아지가 매일 오고 싶은 놀이터가 될 것이다.

개인기 가르치기

연말에 떠도는 SNS 영상들을 보면 똑똑한 강아지들이 크리스마스 트리를 꾸미는
모습이 보이기도 합니다. 기다란 장식을 물어다주고, 전구를 매달고, 어쩔 땐 사다리까지
사용하면서요. 분명 수없이 훈련한 결과겠지만, 영상에 보이는 모든 강아지들은 신나 보여요.

관심 좋아! 칭찬 좋아!

사람들은 인기 영상에서처럼, 반려인의 말에 신나게 움직이는 강아지를 떠올리며 개인기를
가르치겠다고 결심한다. 그리고 어떤 반려인들은 점잖지 못한 서커스 쇼처럼 생각해서,
이를 달가워하지 않기도 한다. 그렇지만 사실 어떤 개들은 관중 앞에서 그렇게 '공연'하는
것을 즐기기도 한다는 사실. 만약 우리 집 강아지가 이런 타입이라면 개인기를 가르치는
건 강아지를 행복하게 해주는 일이기도 하다! 만약 반려견이 어떤 성향인지 잘 모르겠다면
간식을 듬뿍 주면서 아주 간단한 개인기들을 가르쳐보자. 배우는 것을 좋아하는지 알아보기
위해 물구나무 같은 곡예를 가르쳐야하는 건 아니니까.

어디서 시작할까

거의 모든 개들이 '앉아' 정도는 배우고, '엎드려'와 '기다려'까지도 어렵지 않게 한다. 가끔은 못
들은 체를 하더라도 말이다. 많은 반려인들이 아마 간식을 활용해서, 강압적이지 않은 방식으로
이 행동들을 가르쳤을 것이다. 개인기를 가르치는 것도 크게 다르지 않다. 단계를 나누어 하나씩
가르쳐야 하는 것만 빼고는. 오른쪽 그림의 뒤집기('빵!')는 처음 배우기에 좋은 개인기다.
반려견들이 이해하기 어렵지 않고, 간식으로 원하는 자세까지 유도하기만 하면 되기 때문. 아주
나이가 들거나 관절이 좋지 않은 개가 아니라면 쉽게 해볼 수 있다.

반응이 어땠나요?

가르칠 때 해주는 칭찬에 반려견이 신이 나 보이고 간식에 격한 반응을 보인다면 개인기
유망주라고 봐도 무방하다. 훈련을 위한 책도, 온라인 영상 수업도 쉽게 찾을 수 있으니
하나씩 더 도전해보자. 만약 반려견이 의지는 있어 보이지만 배우는 게 느리다면 반려견이
익숙한 사람들 앞에서 이미 배운 개인기 한두 개를 뽐내고 칭찬을 듬뿍 받게 해주면 좋다.
만약 어리둥절해 보이거나 참여할 의지가 없어 보인다면 강요하지 말자. 개인기를 할 줄
몰라도 행복해질 수 있으니. 그럴 땐 다른 재능을 찾아 집중하는 편이 낫다.

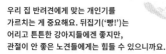

그러면
뭐가 좋은데요?

만약 반려견이 관심과 칭찬을 좋아한다면, 새로운
개인기를 가르친 다음 사람들 앞에서 공연할 기회를
마련해줄수록 행복해할 거예요.

우리 집 반려견에게 맞는 개인기를
가르치는 게 중요해요. 뒤집기('빵!')는
어리고 튼튼한 강아지들에겐 좋지만,
관절이 안 좋은 노견들에게는 힘들 수 있으니까요.

'빵!' 가르치는 법

일단, 인내심이 가장 중요해요. 금방 깨닫는 개들도 있기는 하지만 보통은 시간이
걸리기 마련이거든요. 가르치는 시간은 1-2분 정도로 제한하고, 반려견이 좋아하는
활동과 섞어서 훈련해보세요. 1-2주 정도는 걸릴 수 있다는 마음의 준비를 해야 해요.

뒤집기는 '엎드려'에서 시작합니다. 엎드릴 줄 모르는 강아지에게는 일단 앉은
자세에서 코 앞에 간식을 가져갔다가 천천히 바닥으로 내리며 엎드리기를 유도해
보세요. '엎드려'를 완벽히 익혀야만 다음 단계로 갈 수 있어요.

이제 옆으로 누울 차례! 엎드린 반려견의 머리 옆에서 바닥으로 간식을 움직여보세요.
간식을 따라가다 자연스럽게 옆으로 눕게 될 거예요.

뒤집으려면 옆으로 누웠을 때 머리 위로 간식을 가져가면 됩니다. 코로 따라가다보면
등이 바닥에 닿을 때가 있을 거예요. 그때마다 칭찬과 함께 간식을 주세요. 완전히
등을 대고 누울 때까지요.

그럼 완성! 간식을 듬뿍 준비하고, 줄 때마다 '엎드려', '누워', '뒤집어'와 같은 명령어를
추가하면 됩니다. 연습을 많이 하다 보면 간식이 없이 '빵!'이라는 말만으로도 발라당
뒤집는 반려견을 볼 수 있을 거예요. (보상으로 간식 주는 걸 잊지 마세요!)

개는 개가 필요해

이 챕터에서는 주로 사람이 반려견과 어떻게 놀아줄 수 있는지에 대해서 이야기했지만, 사실 개들에게도 자기와 같은 개 친구들이 필요해요. 개들 간의 교감은 반려견의 삶에서 중요한 부분이기 때문에, 우리에겐 반려인으로서 사회성을 길러줄 책임이 있어요.

그러면 뭐가 좋은데요?

반려견에게는 다른 개들과 즐겁게 노는 경험뿐 아니라, 반려인이 뒤에서 지켜보고 있어서 든든하다는 느낌도 중요하답니다. 그래야 신나게, 자신감 있게 놀 수 있어요.

강아지들이 즐겁게 놀고 있는지는 바디랭귀지를 통해서 알 수 있어요.

친구 만들기

만약 우리 집 강아지가 어떤 개를 만나도 편안하게 잘 어울린다면 이 페이지는 넘어가도 된다. 하지만 모든 개들이 그렇진 않다. 어린 강아지일 때부터 다른 개들과 어울릴 기회가 없었던 경우, 다른 개에게 쉽게 겁을 먹는 경우, 아니면 천성이 조심스러운 경우 등을 흔히 볼 수 있다. 다른 개를 대하는 태도는 견종과 성격 그리고 자란 환경 등 여러 가지 요인의 영향을 받는다. 만약 우리 집 강아지가 사회성이 좋지 않다면, 우리는 어떻게 해야 할까? (단, 다른 개에게 공격적인 경우엔 집에서 해결할 수 없다. 반응성이 지나치게 높다면 전문가와 상담을 해야 한다.)

다른 개들로 북적이는 공원에 데려가기에 적합하지 않은 개를 키우고 있더라도, 사회성을 길러줄 여지는 아직, 충분히 있다. 쉽게 아무와 어울리지 못하는 개라면 차분하고 믿음직스러운 성격을 가진 강아지와 조용히 만날 기회를 마련하는 게 가장 좋은 방법. 산책 중 그런 안정된 성격의 강아지를 만나게 된다면 주저하지 말고 말을 걸어보자. 앞으로 좋은 친구가 될 수도 있으니. 처음 다른 강아지를 소개할 때는 살짝 거리를 두고 같이 산책하는 것이 좋다. 그러면 너무 가까이 가지 않고도 개들이 서로를 파악할 수 있기 때문. 만약 서로 관심을 보이거나, 자세가 편안해 보이거나, 꼬리를 살랑이는 것과 같이 좋은 신호가 있다면 가까이서 인사할 수 있는 기회를 마련해 주자. 이때도 분위기가 좋다면 목줄을 풀고 놀 수 있는 곳에 데려가보는 것도 좋다. 다만, 서로 잘 알고 친해질 때까지는 공을 비롯한 장난감은 시야에서 치워두는 게 좋다. 장난감은 개들이 싸우는 가장 흔한 이유이기 때문이다. 또 실내나 좁은 공간에서 소개하는 것도 피하도록 하자.

문제 신호 감지하기

만약 놀다가 문제가 생기면 어떻게 해야 할까? 개들이 놀 때는 핸드폰은 치워두고 항상 지켜보아야 한다. 불편해하는 신호가 보인다면 반려견을 크게 불러 주의를 돌리는 식으로 놀이를 중단하자. 개들의 바디랭귀지를 알아두는 것도 필요하다. 개들이 늘어져 있지 않고 꼿꼿이 서 있거나, 꼬리를 (흔들지 않고) 바짝 세우고 있는 등 불편한 신호들을 내비친다면 조바심을 내며 지켜보기보다는 일단 놀이를 중단하는 편이 낫다. 그리고 다른 개가 위협적으로 구는데 그 개의 반려인이 신경을 쓰지 않을 때는 반려견을 데리고 즉시 그 장소를 떠나는 게 좋다. 이건 무례한 게 아니라, 상식적인 대처이다.

운동

산책은 반려인으로서 누리는 가장 큰 즐거움 중 하나죠. 강아지들에게 운동이 필요하단 사실은 우리에게 축복이기도 해요. 비가 내리거나 눈이 오거나 우리는 집밖을 나섭니다. 신이 나는 강아지만큼이나 우리의 엔돌핀도 상승하기 때문에 몸과 마음이 건강해지지요. 그런데 반려견의 시선에서 생각해본 적이 있나요? 등산처럼 본격적인 산책이든, 천천히 냄새를 맡으며 동네를 어슬렁거리는 산책이든 개들은 항상 행복해하지만 사실, 강아지들이 행복해하는 운동은 이것 말고도 많답니다. 우리 집 강아지에게 어질리티 챔피언의 자질이 있을지, 아니면 냄새 추적이나 공 물어오기 같은 스포츠에 재능이 있을지 혹시 모르잖아요? 알아보려면, 시도해보는 수밖에요.

행복한 산책

줄을 메고 하는 산책과 반려견의 행복이 뭐 그렇게 상관이 있을까, 하고 생각하는 분들도 있을 것 같습니다. 하지만 우리가 주변에 가축도 없는, 드넓은 벌판이 있는 지역에서 사는 게 아니라면 반려견은 굉장히 많은 시간을 리드줄을 매고 보낼 거예요. 그러니 반려견과 반려인 둘 다, 이 줄에 편안해질 필요가 있겠죠?

학습(혹은 재학습)

반려인의 옆에서 걷는 법을 알고 있는 개와 산책하는 건 발치를 왔다갔다하고, 끈을 마구 당기는 개보다 분명 훨씬 편안하다. 그리고 나란히 걷게 하는 건 생각보다 어렵지 않다. 충분한 인내심과 간식, 칭찬을 준비한다면.

개가 당길 때마다 약간의 전기로 충격을 주는 '전기 목줄'이나 목을 조이는 '초크 목줄'과 같은 무시무시한 제품들은 다행히도 사라지고 있는 추세이다. 혹시라도 주변에 이런 것을 권하는 사람이 있다면 즉시 멀리 도망치기를. 우리는 긍정 강화를 통해 가르쳐나가야 한다.

최근 신경을 쓰지 못해서 반려견의 산책 스타일이 산만해졌거나, 처음부터 그닥 훌륭하지 않았다면 아래의 세 가지 팁을 시도해보자.

적응이 필요해요

줄을 매고 걷는 건 개의 입장에선 자연스러운 행동이 아니기 때문에 산책 매너를 이해시키려면 시간이 필요합니다. 줄 없이 풀어놓은 개들이 한 방향으로 달려가는 걸 자세히 지켜보면 매우 유연하게 속도와 방향을 바꾼다는 것을 알 수 있어요. 개들이 나란히 서서 사람만큼 천천히 걸어가는 걸 본 적이 있나요? 없죠. 이건 우리가 가르쳐주어야만 하는 거니까요.

잘 가르친다면, 줄을 매고 하는 산책은 반려인과 ▶ 반려견 사이의 관계를 더 튼튼하게 해줄 거예요.

1. **제대로 된 도구부터.** 너무 길지 않은, 1.5m-2m 사이의 리드줄과 딱 맞는 목줄 혹은 하네스가 가장 좋다. 자동으로 늘어나는 줄, 너무 긴 줄은 산책하며 교감하기에 적합하지 않다.

2. **모든 산책이 훈련임을 명심하기.** 가장 흔한 실수는 반려견에게 두 가지 산책 방법이 있다고 생각하게 하는 것이다. 무릎 옆에서 나란히 걸어야 한다고 끊임없이 알려주는 '훈련 산책'과 그 외의 모든 산책. 보통 반려인들은 시간에 쫓기면 반려견에게 신경쓰지 못하고 줄을 당기게 내버려두기 쉽다. 단기적으로 보면 훨씬 수고스럽지만, 모든 산책에서 항상 훈련한다면 느슨한 줄로 편안한 산책을 하는 단계에 훨씬 빨리 도달할 수 있다. 반려견을 혼란스럽게 하지 않는 것도 덤.

3. **산책을 특별한 일처럼 만들기.** 반려견이 가장 좋아하는, 아무 때나 주지 않는 간식을 작게 조각내서 자주 보상해주자. 만약 반려견이 산책을 '소고기 육포'를 먹을 수 있는 기회로 받아들이게 되면 훈련이 수월해진다. 간식을 직접 만들고 싶다면 84-85페이지에서 간이나 정어리로 만드는 방법을 참고하면 된다. 이 간식은 워낙 인기가 많기도 한 데다가, 작게 자를 수 있어서 살이 찔까 봐 걱정하지 않아도 된다.

그러면
뭐가 좋은데요?

강아지들이 편안하게, 줄이 느슨한 상태로 산책하는 데에 익숙해지면 반려인뿐 아니라 개들의 삶의 질도 올라간답니다. 반려견이 줄을 당기는 탓에 데리고 가긴 힘들어서 혼자 가던 장소도 이제는 같이 갈 수 있으니까요.

산책 연습 - 실전

산책 교육을 한 번도 안 받아 보았거나, 아니면 교육을 까먹었거나—어느 쪽이든 이 연습을
매일 꾸준히 한다면 느슨한 줄 산책, 누구나 할 수 있어요.

시작하기

쉽게 산만해지지 않도록, 마당이나
복도처럼 조용한 실외 공간에서
시작해서 익숙해졌을 때 도로로
나가는 게 좋다. 반려인이
오른손잡이일 때 보통 반려견이
반려인의 왼쪽에서 걷는데, 이때
줄을 몸을 가로질러 오른손으로 잡고
왼손에는 간식을 준비하자. 간식은
항상 쉽게 꺼낼 수 있어야 한다. 어떤
주머니든 손을 넣는 데 걸리는 시간만큼
훈련의 효과도 떨어진다.

중요한 이유

2022년 영국의 Vet Record지에
게재된 연구에 따르면 줄을 당기는 개는
반려인과 반려견 모두의 삶의 질에 영향을
미친다고 합니다. 왜냐면, 반려견이 클수록
리드줄로 인한 부상 위험이 높아지는데, 줄을
당기지 않도록 하는 방법들 중에 반려견의
건강에 좋지 않은 경우가 많다고
하네요.

간식으로 반려견을 당신의 왼편으로 유인한 뒤 그
자리에 왔을 때 간식을 주자. 왼손에 다시 간식을 든 채로 걷기 시작하면, 반려견은 간식을
쳐다보느라 왼편에서 그대로 따라올 것이다. 이를 몇 번 반복한 뒤 익숙해지면 걸으면서
간식을 줄 때마다 '산책'이라는 말을 추가한다. 평소 반려견과 산책 나갈 때 쓰는 다른 단어가
있다면 그 말을 사용해도 무방하다.

중요한 건 이 패턴의 반복이다. 걸으며 간식을 주고, 간식을 줄 때에는 '산책'이라는 단어를
말해야 한다. 시간이 지나면(며칠이라기보다는 몇 주 정도) '산책'이라는 말만으로도 반려견이
자리를 지키며 눈을 빛낼 것이다. 이렇게 간식을 주는 간격을 점차 늘려나가면 된다.

**산책하는 중간중간 쉬는 시간을 가져보세요. ▶
많은 개들이 주변 풍경과 오가는 사람들을
관찰하는 것도 즐거워한답니다.**

또 직선으로만 걷지 말고, 간식으로 주의를 끌며 자주 방향을 바꾸고 돌아서는 게 좋다. 만약 반려견이 집중을 잃거나 헤매기 시작하면 잠시 멈춰서 기다리자. 다시 반려인을 쳐다보기 시작할 때 간식을 주고 걷기 시작하면 된다. 매일 몇 분이라도 반복하는 것이 중요하다.

산책 보상

몇 주가 지나면 조금 더 넓은 곳으로 나가보자. 10분 거리 안쪽에서, 반려인과 반려견이 모두 좋아할 만한 곳을 두 군데 고른다. 같이 들어가 쉬며 사람 구경할 수 있는 카페도, 개를 풀어줄 수 있는 가까운 공터도 좋다. 중요한 건 두 번의 길지 않은 산책 훈련 사이에 반려견이 좋아하는 활동을 넣는 것이다. 줄을 풀고 놀 수 있는 곳에 차를 타고 자주 이동해왔다면 이 훈련이 특히 도움이 될 수 있다.

그러면 뭐가 좋은데요?

느슨한 줄을 유지하는 연습을 팀 프로젝트처럼 받아들인다면 산책이 더 이상 서로 의지력을 대결하는 소리 없는 싸움이 되지 않을 거예요. 같이 해낼 수 있는 즐거운 일이 되고요.

산책과 냄새 맡기

후각 산책, 그러니까 냄새 맡는 산책은 그냥 줄을 매고 걷는 보통 산책과 같아요. 갈 곳과 방향을 반려견이 정하는 것만 빼고 말이죠. 개들이 어떤 것에 관심을 보이는지 관찰하다보면 평소에는 보이지 않았던 것들을 알아차릴 수 있답니다.

그러면
뭐가 좋은데요?

반려견의 입장에서는 코가 이끄는 대로 천천히 걷는 사치를 누릴 수 있죠. 그런 개들을 잘 관찰해보면 시각에 의지하는 것이 아니라 후각에 의지해서 세상을 경험하는 게 어떤 느낌인지, 조금은 상상하게 될 수 있고요.

주위에 아무것도 없더라도,
개들의 오줌 흔적에는 여전히 습득할 수
있는 많은 정보가 남아 있답니다.

다양한 공간

반려견의 입장에선 사실 모든 산책이 후각 산책이지만, 다양한 공간에 가서 평소보다 천천히 걸으며 반려견이 어떤 것들에 반응하는지를 관찰하다보면(항상 '화장실' 근처에서만 킁킁대는 건 아니니까요) 산책이 조금 더 함께 하는 경험이 된다. 후각 산책은 '산책 훈련'과는 또 다르게 해야 한다. 만약 반려견이 아직 어리거나, 쉽게 흥분하거나, 지나치게 활달하다면 먼저 공원에서 격렬한 게임이나 달리기로 에너지를 소모시키자. 후에 훨씬 더 편안한 상태로 걷는 것을 볼 수 있다. 우리의 목적은 달리는 게 아니고 어슬렁거리는 것임을, 반려견이 느긋하게 냄새에 이끌리는 대로 두는 것임을 명심하자. 줄을 매야 하는 이유는 반려견과 반려인 사이를 연결해주기 때문이다. 후각 산책은 함께 하는 모험이라는 점에서 다른 놀이와 다르다.

후각 산책을 꼭 경치 좋은 곳에서 해야 하는 건 아니지만, 쓰레기 봉투가 널려 있는 번화가의 좁은 도로처럼 스트레스 받을 만한 장소는 피해야 한다. 반려견에게 방향 선택권을 준다면 어디로 가게 될지 놀라운 경험을 할 수 있다. 잡초가 무성한 공터도 반려견에게는 시골길만큼 냄새가 풍부한 곳일 수 있다. 익숙하지 않은 곳에 가서, 15분부터 1시간까지 시간을 정해 반려견이 냄새에 이끌리는 대로 갈 수 있도록 해주자. 어떤 냄새를 따라가는지, 어디를 되돌아가 다시 킁킁대는지, 어디에서 유독 오래 머무는지, 또 얼마나 즐거워하는지 지켜보자. 어떤 냄새일지, 우리는 그저 상상할 뿐이지만.

냄새를 가져다주세요

개들이 후각 산책을 나갈 수 없는 경우들이 있죠. 아직 백신 접종이 끝나지 않아 다른 개를 만날 수 없는 어린 강아지의 경우엔 집 안에서 즐길 수 있는 '냄새 뷔페'를 만들어줄 수 있어요. 움직임이 많지 않은 노견들도 좋아한답니다. 플라스틱이나 금속 트레이에 바깥에서 수집한 것들을 올려놓기만 하면 돼요. 작은 나뭇가지, 잡초나 낙엽 한 줌, 꽃, 이끼 덩어리, 심지어는 흙도 좋은 소재가 됩니다. 다양한 장소에서 가져올수록 냄새가 풍부해져요. 수집품을 모두 트레이에 올려놓고 반려견에게 깊이 들이마실 시간을 주세요. 바닥에 미리 신문지를 깔아둔다면 청소 걱정 없이, 마음 편히 바라볼 수 있을 거예요.

새로운 공놀이

공놀이를 좋아한다는 점에선 인간과 개가 서로에게 쉽게 공감할 수 있을 것 같아요. 축구나
야구 같은 구기 종목은 가장 인기가 많은 스포츠이고, 공놀이를 좋아하지 않는 강아지는
드무니까요. 이번에는, 공을 가지고 놀면서 에너지를 맘껏 발산할 수 있는 놀이들을
소개할게요.

반려견의 성향 알아보기

우리 집 개가 흔한 테니스 공 크기의 장난감을 좋아한다면, 다른 크기의 공으로 다양한
게임을 시도해보자. 소리를 좋아하는 개에게는 눌렀을 때 삑삑거리는 공, 넓은 곳에서
뛰어놀기 좋아하는 개에게는 이빨이 들어가지 않을 만큼 빵빵하게 바람이 든 축구공, 코로
공을 건드려 움직이길 좋아하는 개에겐 요가/마사지볼 등이 좋다.

골키퍼 놀이

자녀가 있다면 마당에 공놀이를 위한 골대가 있을 수 있다. 그렇지 않은 경우엔 장난감
골대를 세우거나, 큰 화분처럼 쉽게 넘어지거나 깨지지 않을 물건을 사용해 직접 만들면
된다. 축구공이 적당한데, 만약 반려견이 축구공에 익숙하지 않다면 땅에 앉아서 부드럽게
밀어 패스하는 것부터 시작하자. 대부분의 강아지는 물어올릴 수 없는 공이라면 코로
밀어내려고 할 것이다. 반려견이 코로 밀기 쉽게 공을 가볍게 잡아서 도와주고, 공을
어떻게든 움직이게 할 때마다 칭찬을 쏟아부어주면 빠르게 이해시킬 수 있다. 반려견 한
마리와 두 명 이상의 사람이 함께하는 게 가장 좋은데, 먼저 사람끼리 공을 주고받는 모습을
보여준다. 그리고 반려견이 소외되지 않게 한번씩 공을 보내주자. 골대에 공이 들어갈 때마다
박수와 함께 신나게 즐거워하면 된다. 반려견이 골을 넣는 것은 처음엔 우연일 뿐이겠지만,
반복하다보면 놀이를 이해할 수 있을 것이다. 골대가 많을수록 쉬워진다.

산책하기에 너무 더운 날씨일 때는 작은 물놀이장을 ▶
마련해주세요. 지쳐 있던 반려견도 신나할 거예요.

공 띄우기

아기들이 욕조에서 러버덕을 가지고 놀듯이, 강아지들도 (공을 원래 좋아하는 경우라면) 물 위에 떠다니는 공을 재미있어한다. 물을 아주 좋아하는 강아지에겐 비싸지 않은 간이 수영장을 마련해주고 테니스 공을 여러 개 던져주면 바로 풍덩 달려들 것이다. 물이 튀는 것을 신경쓰지만 않는다면 좋은 선택. 수영장은 반려견이 뛰어들 수 있을 만큼 넉넉한 사이즈로 준비하자. 또 발톱에 찢기지 않도록 단단한 재질로 만들어진 것이 좋다.

수영장의 좋은 점은 반려인이 놀아주지 않아도 반려견들이 알아서 잘 논다는 것이다. 풀장 안에서 테니스 공을 수면 아래로 눌렀다가, 톡톡 건드리다가, 다시 물고 나왔다가, 또 뛰어 들어가다가… 반려견은 혼자서도 한참 동안 즐겁게 시간을 보낼 것이다.

그러면 뭐가 좋은데요?

반려견이 공을 좋아한다면, 새로운 공을 줄 때마다 행복해할 거예요. 또, 늘 하던 물어오기 놀이 외의 다른 놀이를 가르쳐주면 더더욱요. 골을 넣는 법을 가르치면 또 반려인으로서도 얼마나 뿌듯하게요?

아마추어 운동견

어질리티 게임이 꼭 어리고 재빠른 개들만을 위한 건 아니에요. 반려견이 이런 활동에
흥미를 보이나요? 몸집과 나이, 그리고 건강 상태에 따라 난이도를 맞추어 장애물 코스를
마련해주면 장애물을 통과하면서 뿌듯함을 느낄 거예요.

어디서 한담?

강아지 훈련 수업을 하는 곳이나 '강아지 호텔' 같은 숙박 시설에는 보통 어질리티 시설이
마련되어 있고, 또 짧은 일회성 체험 수업도 제공하는 경우가 많다. 북적이는 것을 싫어하는
개들을 위해 1:1 수업을 하는 곳도 많으니 주변을 검색해보자. 안전한 강아지 운동장(67쪽
참고)에서도 고객들을 위해 한쪽에 어질리티 공간을 준비해놓곤 한다.

뭘 하는 건데?

대회에서는 특정한 종류의 장애물이 몇 개 이상 설치되어 있어야 한다는 규정이 있지만,
어질리티 수업을 하는 곳들은 각각 조금씩 다른 코스를 갖추고 있다. 보통은 가로지를 수 있는
긴 터널, 반려견의 체격에 따라 높이를 조절할 수 있는 허들, A 프레임(A 모양으로 생긴 장애물에
올라갔다가 내려오는 것), 위브 폴(일렬로 서 있는 기둥 사이를 요리조리 통과하는 것) 및 '일시 정지'
테이블(올라간 후 잠깐 가만히 기다리게 하는 것) 등을 흔하게 볼 수 있다. 정식 대회에서 필요한
시소나 공중에 매달린 타이어 같은 것들은 보기 힘든 편.

시범 경기

일단 작은 간식으로 채운 주머니를 챙기자. 어질리티를 좋아하는 성향의 반려견에겐 응원이
필요 없지만, 처음 시도하는 것이라면 장애물을 통과시키기 위해서 약간의 보상과 많은 칭찬을
해주어야 할 수 있다. 점프를 하기 전엔 허들이 적당한 높이로 세팅되어 있는지 확인해야 한다.
높이가 고민될 때는 충분히 낮게 두어 강아지가 쉽게 넘어갈 수 있도록 시작하는 것이 좋다.
반려견이 터널을 처음 보고선 뭘 해야 하는지 이해를 못 한다면 입구에서 안쪽으로 간식을
던져주고, 반대편으로 달려가 출구에서 간식을 들고 부르면 된다.

주변에 시소 같은 고난이도의 장애물들이 있을 수 있지만 처음 몇 번은 간단한 것을 반복해 반려견에게 자신감을 심어주는 것이 좋다. 만약 이 시간을 즐기는 것 같다면 정기적으로 방문해 다른 장애물들도 시도해보자. 그런 후 어질리티를 정말 좋아하는 게 확실해 보이는 경우 수업에 등록해 고난이도의 장애물을 통과하는 법을 전문가에게 배워보는 것도 좋은 선택이다. 이 단계까지 온다면 반려견과 직접 경기에 나가보는 것도 재미있을 것!

그러면 뭐가 좋은데요?

어질리티 훈련은 모든 개들에게 맞게끔 조절할 수 있고, 온몸의 근육을 모두 사용하게 하는 효과적인 운동이랍니다. 또 반려인도 옆에서 함께 뛰어다녀야 하기 때문에, 반려견과의 관계도 끈끈해질 뿐 아니라 덤으로 건강해질 수 있어요.

어떤 장애물들은 처음엔 반려견을 당황하게 할 수도 있어요. 그럴 땐 신나는 어조로 응원과 칭찬을 퍼부어주는 것, 잊지 마세요!

프로 운동견

숨이 찰 정도로 빠르게, 한참을 걸었는데도 산책이 부족해 보이는 반려견들에겐 머리까지 많이 써야 하는 운동을 시켜보세요. 플라이볼이나 댄싱 같은 것들요!

강아지와 함께 춤을, 힐워크

반려견과 함께 노래에 맞춰 정해진 춤을 추는 것을 상상해보자. 황당해 보일 수 있지만 (산책으로는 에너지를 충분히 소진하지 못할 만큼) 유달리 똑똑하고 활달한 개들은 가르쳐주었을 때 행복해하는 운동 중 하나이다. 그러니 너무 일찍 제외하지 말고 반려견과 함께 하는 댄스 클래스를 시도해보자. 정해진 동작 없이 '프리스타일'로 춤추는 클래스나 음악에 맞춰 '힐워크'하는 클래스 등을 시도해보면 좋다. 힐워크는 반려인과 함께 발을 맞추어 걷거나 다리 사이를 통과하는 등 다양한 동작을 음악에 맞추어 하는 것을 뜻한다. 프리스타일 클래스에선 음악에 맞춰 반려견이 점프하거나 턴하는 등의 움직임을 연습한다. 힐워크를 할 때 이름에 '발꿈치(힐)'이 들어간 것이 암시하듯 반려견과 꼭 붙어서 하게 되지만 프리스타일 클래스에선 반려인의 지시에 따라야 하기 때문에 상대적으로 떨어져 있다는 차이가 있다. 입문자를 위한 클래스도 다양한 편이고, 수업을 듣기 위해 반려인이 완벽한 댄서일 필요는 없으니 부담없이 시도해보자. 반려견은 댄스 클래스를 좋아하지만 반려인이 괴로울 수도 있다. 하지만 걱정할 필요 없다. 이 클래스에선 남의 집 강아지들과 춤추기도 하기 때문에 반려견에게 좋은 댄스 파트너를 찾아줄 수 있는 기회가 될 수 있다.

플라이볼

활동이 많은 견종에게 알맞은 다른 운동은 플라이볼이다. 인기가 많은 스포츠이기 때문에 체험 수업을 찾는 것은 어렵지 않을 것. 만약 반려견이 플라이볼을 좋아한다면 수업에 등록해 다른 개들과 같이 정기적으로 운동을 시켜보자.

반려견이 만약 목표 지향적인 성향이라면 ▶
플라이볼이 딱 맞는 취미가 될 수 있어요.

플라이볼은 네 마리의 개들이 릴레이로 움직이는 경기다. 진행이 아주 빠르기 때문에 영리하고 재빠른 개들에게 제격이다. 개들은 자기 차례에 네 번의 작은 허들을 넘고, 코스 끝에서 스스로 버튼을 눌러 발사되는 공을 잡으러 뛰어가야 한다. 공을 물고 다시 네 번 점프해 상자에 공을 넣으면 다음 차례의 개가 출발하는 식. 자기 차례를 기다리는 동안 개들은 기대하고 흥분하기 마련이지만 순서가 올 때까지 참는 과정을 통해 인내심도 배울 수 있다. 물론 경기를 잘하려면 빨리 뛰어야 하기 때문에 모든 면에서 완벽한 운동이다. 성격이 급한 반려견을 키우고 있다면 흥분 속에서 기다림을 배우는 이 운동을 꼭 시도해보자.

그러면
뭐가 좋은데요?

잔뜩 흥분되고, 빨리 달려야 하는데
생각까지 해야 하는 이 운동은 극단적으로
활동적인 견종들마저도 확실하게
곯아떨어지게 해줄 거예요.

수업 등록하기

꼭 운동에 프로급으로 소질이 있는 개들만 수업을 듣는 건 아니랍니다. 만약 좀 색다른 활동을 시도해보고 싶다면 몰이(네, 양치기 개들이 하는 그 '몰이'요!)와 노즈워크, 수영 등을 추천할게요.

공 몰이, 트라이볼

'몰이'라고 하면 시골 들판에 흩어져 있는 소가 생각나긴 하지만 트라이볼(Treibball, 독일어로 '공 밀기'를 뜻함)에서는 반려견들보다 큰 사이즈의 공을 사용한다. 짐볼처럼 크지만 무겁거나 단단하지 않은 공을 정해진 곳으로 몰아넣는 것이다. 강아지들은 공을 물거나 올라타는 대신

그러면 뭐가 좋은데요?

어질리티 외에 다른 수업은 반려견의 특성에 맞게 진행하기가 상대적으로 쉬워요. 특히 노즈워크의 경우, 어떤 나이의 개든 아무 데서나 연습하고 즐길 수 있는 활동이에요.

도시의 양치기는 시골에서처럼 힘들지 않아요. 공이 무겁지 않기 때문에 노령견에게도 즐거운 활동이 될 수 있어요.